BEI GRIN MACHT SICH IHR WISSEN BEZAHLT

- Wir veröffentlichen Ihre Hausarbeit,
  Bachelor- und Masterarbeit

- Ihr eigenes eBook und Buch -
  weltweit in allen wichtigen Shops

- Verdienen Sie an jedem Verkauf

Jetzt bei www.GRIN.com hochladen
und kostenlos publizieren

Hendrik Heitkamp

Die experimentelle Bestimmung der Hallkonstante am Beispiel Silber

GRIN Verlag

Bibliografische Information der Deutschen Nationalbibliothek:

Die Deutsche Bibliothek verzeichnet diese Publikation in der Deutschen National-
bibliografie; detaillierte bibliografische Daten sind im Internet über http://dnb.d-
nb.de/ abrufbar.

Impressum:

Copyright © 2011 GRIN Verlag GmbH
Druck und Bindung: Books on Demand GmbH, Norderstedt Germany
ISBN: 978-3-656-47482-1

Dieses Buch bei GRIN:

http://www.grin.com/de/e-book/230947/die-experimentelle-bestimmung-der-hall-
konstante-am-beispiel-silber

Facharbeit

Im Leistungskurs Physik

Die experimentelle Bestimmung der Hall-Konstante für Silber

Verfasser: Hendrik Heitkamp

Bearbeitungszeitraum: Anfang Januar bis Anfang März

Abgabetermin: 03.03.2011

Inhaltsverzeichnis

1. Einleitung

Gegen Ende des ersten Halbjahres kam im Physikunterricht im Zusammenhang mit Magnetfeldern die Thematik des Hallversuches, der Ablenkung von Elektronen in einem eines Magnetfeldes ausgesetzten Silberplättchen und einer dadurch senkrecht zum angelegten Strom „I" entstehenden Spannung, auf. Da im Unterricht jedoch nur die Bestimmung der Hall-Spannung behandelt wurde, verwies Herr Tschirner auf die Möglichkeit, eine Facharbeit in diesem Themengebiet zu schreiben. Da ich mich von vorneherein für eine Facharbeit im Themengebiet Physik interessiert hatte, entschloss ich mich nach kurzer Zeit der Überlegung, dieses Thema für meine Facharbeit auszuwählen. Hinzu kam, dass es um etwas Experimentelles ging und mich seit jeher die Praxis etwas mehr interessiert als die Theorie. Die Aufgabe, welche sich mir hierdurch stellte, habe ich durch zwei Versuche bearbeitet, welche ich hier genau beschreiben, erläutern und auswerten werde. Für die Geschichte des Experimentes werde ich die Kurzfassung einer Biographie des ersten Entdeckers dieses Phänomens, Edwin Hall, geben.

2. Biographie des Edwin H. Hall

Der Erstentdecker dieses physikalischen Phänomens, Edwin Herbert Hall, wurde am 7. November 1855 im heutigen North Gorham im Bundesstaat Maine der USA als Sohn von Joshua Emry Hall und Lucy Ann Hilborn Hall geboren[1]. Er besuchte eine staatliche Schule und ging danach auf das Bowdoin College in Maine, wo er einen Bachelor of Arts in Physik erwarb.

Nach dieser abgeschlossenen Ausbildung wurde er für jeweils ein Jahr Direktor der "Gould's Academy"[2] und seiner alten High School in New Brunswick. Während dieser Zeit entschloss er sich dazu, sich der Physik zu widmen. Er schrieb sich für einen höheren Abschluss in Physik an der "John Hopkins University" ein, wo er 1880

---

[1] National Academy of Sciences; Biographical Memoir of Edwin Herbert Hall 1855-1938 by P. W. Bridgman, Seite 73

[2] Privatinternat in Bethel, Maine (USA)

promovierte, nachdem er 1879 den nach ihm benannten Halleffekt entdeckt hatte und auch einige materialspezifische Hallkonstanten ermittelte.

1881 besuchte er unter anderem während einer Europa-Reise die "Helmholtz-Laboratorien" in Berlin, wo er den Hall-Effekt bei einigen neuen Materialien ausmaß.

1881 ging er dann zurück in die Vereinigten Staaten, genauer gesagt nach Harvard, um dort Physik zu unterrichten. 1895 erlangte er dort auch seine Professur[3].

Zu Lebzeiten war er zusätzlich noch Mitglied in vielen amerikanischen Wissenschaftsakademien, durch welche er auch Kontakt mit ihren europäischen Pendants.

Neben seinen wissenschaftlichen Erfolgen zeichnete ihn auch sein soziales Engagement aus. Während der Weltwirtschaftskriese der 1920er Jahre sammelte er $200.000 für Hilfsprojekte. Auch verfasste er zusammen mit Joseph Y. Bergen 1891 Grundsätze für den Physikunterricht an Schulen[4], die die dortigen Unterrichtsbedingung deutlich verbesserten. Für diese Publikation erhielt er 1937, ein Jahr vor seinem Tod, von der „American Association of Physics Teachers" eine Auszeichnung.

Natürlich beschäftigte er sich nicht nur mit dem Hall-Effekt, sondern auch mit anderen Gebieten der Physik. Nach der Enddeckung des Hall-Effektes beschäftigte er sich 23 Jahre lang hauptsächlich mit der Hitzeleitfähigkeit von Metallen, dem thermodynamischen Verhalten von Flüssigkeiten und verschiedenen thermo-elektrischen Phänomenen, insbesondere dem Thomson-Effekt[5]. Einen Großteil seiner Bemühungen verwendete er darauf, thermo-elektrische Vorgänge zu verstehen und nachzuvollziehen. 1904 veröffentlichte er eine Abhandlung hierrüber, welche er jedoch kurz darauf teilweise wiederrief und überarbeitete.

1911 kehrte er dann zum Hall-Effekt zurück. 1925 veröffentlichte er Werte für die Hall-Konstanten von Gold, Palladium, Kobalt und Nickel.

---

[3] National Academy of Sciences; Biographical Memoir of Edwin Herbert Hall 1855-1938 by P. W. Bridgman, Seiten 74 und 75

[4] Sog. „Hall and Bergen" Liste, auch genannt "A Text-Book of Physics", Version von 1903, Copyright 1891 by Henry Holt and Company

[5] Geänderter Wärmetransport in einem stromdurchflossenen Leiter

Aus seiner am 31.8.1882 mit Caroline Eliza Bottum geschlossenen Ehe gingen zwei Kinder hervor, wovon eines während der High-School Zeit verstarb. Seine Frau starb 1921, er selbst am 20.11.1938 in Cambridge, Massachusetts[6].

3. Die Experimente

3.1 Aufbau und Prinzip des Hallversuches

Das von mir durchgeführte Experiment zur Bestimmung der Hallkonstante ist im Prinzip eine leicht abgewandelte Form des originalen Experiments von E. Hall. Hier geht es lediglich nicht um die Bestimmung des Magnetfeldes über die Hallspannung geht, sondern darum, über die Hallspannung und ein bekanntes, durch einen zweiten Versuch ausgemessenes, B-Feld die so genannte Hallkonstante[7], einen materialspezifischen Wert zur Berechnung der Hallspannung, zu ermitteln.

Der Hallversuch basiert auf der Lorenzregel, welche besagt, dass ein Probestrom in einem Magnetfeld entsprechend der „3-Finger-Regel" der linken Hand abgelenkt wird. Bringt man nun zwei Kontakte senkrecht zur Stromrichtung an dem Hallelement an, kann man an diesen die durch die Ablenkung der Elektronen im Magnetfeld[8] verursachte Spannung messen. Diese, wenn auch sehr geringe Spannung lässt sich dann mit einem äußerst empfindlichen Messgerät messen.

Für das Magnetfeld wurden von mir zwei Elektromagnete benutzt, bei welchen ich die Stromstärke in diesem Sekundärstromkreis gemessen habe, um das B-Feld konstant zu halten.

Der „Leiter", also das so genannte Hallelement (Silberplättchen) wurde hier zwischen die Magnete gespannt[9] und mit variierten Stromstärken belastet,

---

[6] Familie: National Academy of Sciences; Biographical Memoir of Edwin Herbert Hall 1855-1938 by P. W. Bridgman, Seite 76; Edwin Hall: http://de.wikipedia.org/wiki/Edwin_Hall (Zugriff am 11.02.11)

[7] Siehe unten: „Theorie und Herleitung der Formeln", Seiten 6 bis 9

[8] Siehe Skizze zum Kräftegleichgewicht unter Punkt 2.2.2

[9] Siehe Skizze zum Kräftegleichgewicht unter Punkt 2.2.2

während das Magnetfeld über die gesamte Länge des Versuches konstant gehalten wurde.

In diesem Versuch gibt es drei ganz oder teilweise voneinander getrennte Stromkreise[10].

Zunächst jener, der das Magnetfeld erzeugt und aufrecht hält und völlig separat von den anderen gehalten wird. Der Strom in diesem wird konstant gehalten, damit auch das Magnetfeld „B" konstant bleibt. Dann gibt es den Kreis, der einen Strom durch das Hallelement fließen lässt und den dritten Stromkreis speist, an dem die Hallspannung gemessen werden kann. Dieser steht in seiner räumlichen Orientierung orthogonal zum zweiten. Die beiden sind über die Silberplatte miteinander verbunden.

Bei diesem Versuch gibt es jedoch ein Problem, nämlich, dass als besondere

1) Messgerät für den Strom im Hallelement
2) Trafo für den Strom im Hallelement
3) Trafo für den Spulenstrom
4) Messgerät für den Spulenstrom
5) Hallelement
6) Elektromagnete (Spulen mit Eisenkernen)
7) Messgerät für die Hallspannung

Herausforderung nicht mit der Hallsonde bestimmt werden sollte. Hierdurch wird ein weiterer Versuch erforderlich, um das Magnetfeld zu bestimmen[11].

In dieser speziellen Version des Hallversuches wurde das Hallelement von 5A, 10A, 15A und 18A durchflossen, während es in einem durch den zweiten Versuch näher beschriebenen Magnetfeld war. Die Materialstärke des Silberplättchens betrug 0,05mm[12].

---

[10] Schaltplan siehe Anhang

[11] Siehe 2.2.3 „Aufbau und Prinzip der Magnetfeldmessung"

[12] Laut Herstellerangabe auf Gerätekarte (10^{-5}m)

3.2 Theorie und Herleitung der Formel

Um die Herleitung für diese Formel zu verstehen, ist es hilfreich ihren Hintergrund zu kennen. Sie basiert auf einem Kräftegleichgewicht zwischen der „Lorenzkraft" und der elektrischen Kraft. Die elektrische Kraft bedingt die Lorenzkraft, da diese die Elektronen an den unteren Rand des Silberplättchens ablenkt wo sich diese Elektronen sich dann gegenseitig in Richtung des Elektronenmangels an der oberen Kante des Hallelements abgestoßen.

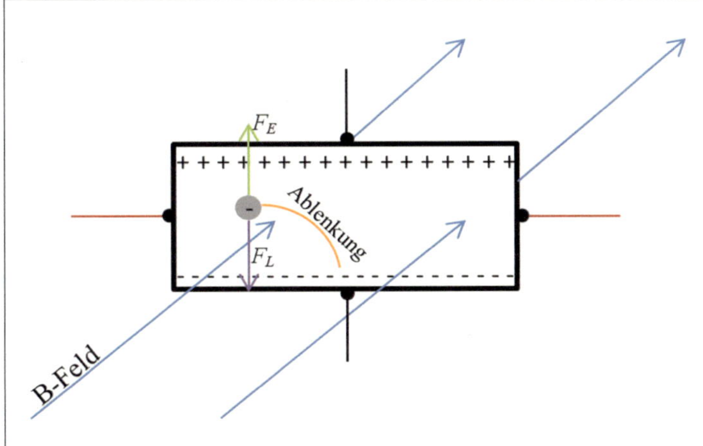

Die für die Auswertung des Experimentes benötigten Formeln leiten sich wie folgt her[13]:

$$F_L = F_E$$

$$B \cdot e^- \cdot v = E \cdot e^-$$

$$B \cdot v = E$$

$$B \cdot v = \frac{U}{l}$$

---

[13] Formel für U_h nach Unterrichtsmaterialien

Mit „l" als Abstand, da „d" nachher noch für die Dicke gebraucht wird.

$$B \cdot v = \frac{U_h}{l}$$

$$U_h = B \cdot v \cdot l$$

Da man jetzt ohne die Driftgeschwindigkeit der Elektronen „v" nicht weiterkommt, gehe ich von hier aus über die Definition der Stromstärke „I" weiter[14].

$$I = \frac{Q}{t} = \frac{N \cdot e^-}{t}$$

Jetzt wird „t" wie folgt ersetzt:

$$s = \frac{v}{t}$$

$$t = \frac{s}{v}$$

Dies wird nun in die letzte Formel für die Stromstärke eingesetzt:

$$I = \frac{N \cdot e^- \cdot v}{s}$$

Jetzt wird die Elektronenanzahl „N" durch

$$n = \frac{N}{V}$$

$$N = n \cdot V$$

ersetzt.

---

[14] Ansatz: Dr. Oliver Michele, „Herleitung der Hallspannung"

Dadurch ergibt sich:

$$I = \frac{n \cdot V \cdot e^- \cdot v}{s}$$

Wenn man jetzt das Volumen „V" durch seine Definition ersetzt und die Strecke „s" wegkürzt, ergibt sich:

$$I = n \cdot A \cdot e^- \cdot v$$

Nun stellen wir die Formel nach „v" um:

$$v = \frac{I}{n \cdot A \cdot e^-}$$

Mit dieser Gleichung kann man jetzt die Driftgeschwindigkeit „v" in der Gleichung für die Hallspannung „U_h" ersetzen. Wenn man dann noch die Fläche „A" durch ihre Definition $A = d \cdot l$ ersetzt, ergibt sich nach diversen Vereinfachungen folgendes:

$$U_h = \frac{1}{n \cdot e^-} \cdot \frac{B \cdot I}{d}$$

$$\frac{1}{n \cdot e^-} = \frac{U_h \cdot d}{B \cdot I}$$

Wie man jetzt sehen kann, stehen auf der linken Seite die materialabhängigen Werte, während die mess- und variierbaren Größen rechts des Gleichheitszeichens stehen. Wenn man nun die konstanten Werte als „R_h"

$$R_h = \frac{U_h \cdot d}{B \cdot I}$$

3.3 Aufbau und Prinzip der Magnetfeldmessung

Bei diesem zweiten Versuch geht es darum, den für die Berechnung der Hallkonstante erforderlichen Wert von „B"

$$B = \frac{\Delta F}{I \cdot l}$$

zu berechnen. Der Versuch in der Theorie sich lässt sich denkbar einfach beschreiben, es wird eine stromdurchflossene Leiterschleife in dasselbe Magnetfeld gehangen, welches auch die Ablenkung im Hallversuch[15]

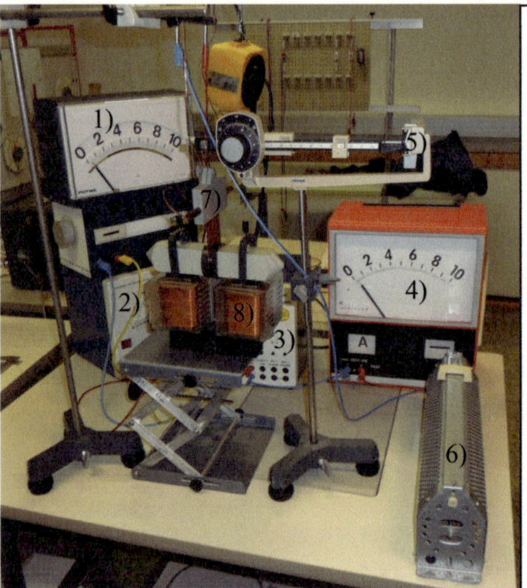

1)	Messgerät für den Spulenstrom
2)	Trafo für den Spulenstrom
3)	Trafo für den Strom in der Leiterschleife
4)	Messgerät für den Strom in der Leiterschleife
5)	Waage
6)	Schiebewiderstand
7)	Leiterschleife
8)	Elektromagnete (Spulen mit Eisenkernen)

verursachte. Diese Leiterschleife hängt an einer Waage, mit der man die Kraft bestimmen kann, indem man das Gewicht der Leiterschleife ohne Magnetfeldwirkung als neuen Nullpunkt setzt, dann das Magnetfeld zuschaltet und die Gewichtsänderung zwischen den beiden Zuständen „Δm" in eine Änderung der Erdanziehungskraft „ΔF" umrechnet.

In der Praxis jedoch erwies sich dieses denkbar einfache Prinzip jedoch als deutlich komplizierter. Bei der Verkabelung der Leiterschleife mit normalen Kabeln änderte sich zum Beispiel bei jeder Bewegung das Gewicht der

---

[15] Siehe oben: „Aufbau und Prinzip des Hallversuch", Seite 5

Leiterschleife. Erst durch das Befestigen von speziellen Kabeln an einem Stativ über der Leiterschleife blieb das Gewicht dann unbeeinflusst von dem Gewicht der Kabel.

Des Weiteren gestaltete es sich etwas schwierig, den Strom in der Schleife genau auf den für die Messung günstigsten Wert von 5A zu bringen.

Aus diesem Grund wurde der Schiebewiederstand von mir zwischen die Stromquelle und die Schleife geschaltet. Ein weiterer Punkt ist die komplizierte Befestigung der Waage selbst, die es unmöglich machte, die Spulen einfach auf den Tisch zu stellen, sondern es erforderte, diese auf einen erhöhten Untergrund zu positionieren, damit die Leiterschleife vernünftig zwischen die Magnete passte.

So wurde aus dem in der Theorie und vom Schaltplan[16] her relativ einfachen Versuch ein doch sehr kompliziert anmutender Aufbau.

4. Die Probleme bei Durchfürhung der Versuche

Als erster Versuch wurde von mir der oben in Teil 2.2.1 beschriebene Hallversuch durchgeführt, da es sich als praktischer erwies, die Polschuhe[17] auf den bei eingesetztem Hallelement auf den kleinstmöglichen Abstand zu bringen und sie dort zu fixieren. Dieser Abstand zwischen den Polschuhen muss dann mit größtmöglicher Genauigkeit ausgemessen werden, um zum einen die Möglichkeit einer wie auch in diesen Fall durchgeführten Messung zur Rekonstruktion der Ergebnisse zu gewährleisen. Zum anderen muss es aber auch wegen der unglücklichen Platzierung einer Schraube am Hallelement möglich sein, den Abstand kurzzeitig zu verändern, ohne die Voraussetzungen für die Messung des Magnetfeldes signifikant zu verfälschen, damit das Magnetfeld so wie es ist im zweiten Versuch ausgemessen werden kann.

War dieses Problem aus der Welt geschafft, konnte es dann an die eigentliche Messung gehen. Doch auch hier ergaben sich ziemlich schnell weitere Probleme. So gab es zum Beispiel einen sehr hohen Restmagnetismus in den Eisenkernen, der mit den verfügbaren Mitteln nicht beseitigt werden konnte. Dies machte es erforderlich,

---

[16] Siehe Anhang

[17] Verlängerung der Eisenkerne in den Spulen und über deren räumliche Grenzen hinaus

das Messgerät für die Hallspannung nach jeder Messung neu zu „nullen". Dies beseitigte den Restmagnetismus zwar nicht, entfernte ihn jedoch aus dem Messergebnis.

Ein weiteres schwerwiegendes Problem war der sogenannte „Nulldrift"[18] im Spannungsmessgerät, der sich aufgrund der besonders niedrigen Spannung[19] sehr stark bemerkbar machte. Dies erforderte die höchstmögliche Geschwindigkeit meinerseits bei der Durchführung der Messung.

Auch nicht zu unterschätzen ist das Wärmeproblem in den Kabeln und Spulen, da die Ströme von bis zu 18A diese ziemlich warm werden lassen können und dadurch ihre Leitfähigkeit beeinflussen, was wieder zu abweichenden Messergebnissen führt.

Als letzten Punkt muss man noch die Messgenauigkeit der Strommessegeräte und deren akkurate Nullung als mögliche Fehlerquelle hinzuziehen und man hat einen guten Überblick über alles was schiefgehen kann.

Nun kommen noch die möglichen Fehlerquellen aus dem zweiten Versuch hinzu, der Bestimmung des Magnetfeldes. Zu dem oben bereits genannten Problem[20] kommt bei diesem zweiten Versuch noch hinzu, dass die Leiterschleife genau mittig zwischen den Polschuhen bei genau rekonstruiertem Abstand hängen muss, um ein Ergebnis möglichst nah am Optimum zu erzielen[21].

---

[18] Abweichung der Nullstellung des Messgerätes

[19] Bereich von 10^{-6}V

[20] 2.2.3, „Aufbau und Prinzip der Magnetfeldmessung" siehe Problem mit Kabeln

[21] Siehe Definition von „B" unter 2.2.3 und den Einfluss der Länge des Leiters

5. Auswertung und Fazit

Nach Durchführung der Versuchsreihe sowie der Kontrollreihe habe ich die Werte in Excel eingefügt und die jeweiligen Hallkonstanten berechnen lassen.

Stromstärke $I/_A$	Hallspannung $U/_V$	Hallkonstante $R_h/_{\frac{m^3}{C}}$
5,16	0,39E-5	8,31478E-11
10,09	0,76E-5	8,28626E-11
14,95	1,09E-5	8,02087E-11
18	1,67E-5	1,02066E-10
4,92	0,36E-5	8,50822E-11
5,04	0,39E-5	8,99779E-11
5,2	0,39E-5	8,72093E-11
10,19	0,72E-5	8,21599E-11
10,19	0,75E-5	8,55832E-11
10,19	0,74E-5	8,44421E-11
15,3	1,1E-5	8,35993E-11
15,3	1,1E-5	8,35993E-11
15,3	1,1E-5	8,35993E-11
17,46	1,18E-5	7,85849E-11
17,8	1,26E-5	8,23099E-11
17,7	1,25E-5	8,2118E-11

Werte in gepunkteten Linien: 1. Versuchsreihe
Werte in durchgezogen Linien: Kontrollmessung
(die Ergebnisse sind positiv Aufgrund der Polung des Messgerätes)

Die berechneten Werte ließ ich dann von Excel graphisch darstellen und fügte eine Ausgleichsgrade zur Messfehleregalisierung ein. Ebenfalls stellt ich den Literaturwert zu Vergleichszwechen dar. Daraus geht hervor, dass der aus meiner Messung hervorgehende Durchschnittswert von $8{,}478 \cdot 10^{-11}\ \frac{m^3}{C}$ gerade einmal 5% vom Literaturwert[22] der Hallkonstante entfernt ist. Das positive Vorzeichen ergibt sich hierbei aus der Polung des Messgerätes, somit ist der eigentliche Wert $-8{,}478 \cdot 10^{-11}\frac{m^3}{C}$. Daraus geht hervor, dass trotz der zahlreichen Probleme und Fehlerquellen mein Messergebnis recht genau ist, zumal sich die Ergebnisse aus dem ersten Versuch in einer Kontrollmessung als rekonstruierbar herausstellten.

Ebenfalls als hinreichend präzise stellte sich einer Kontrollmessung mit einer Hallsonde auch mein Ergebnis für die Magnetfeldstärke heraus.

---

[22] $-8{,}9 \cdot 10^{-11}\frac{m^3}{C}$ Laut „Das große Tafelwerke", 1.Auflage, 13. Druck, 2008, Cornelsen Verlag Berlin

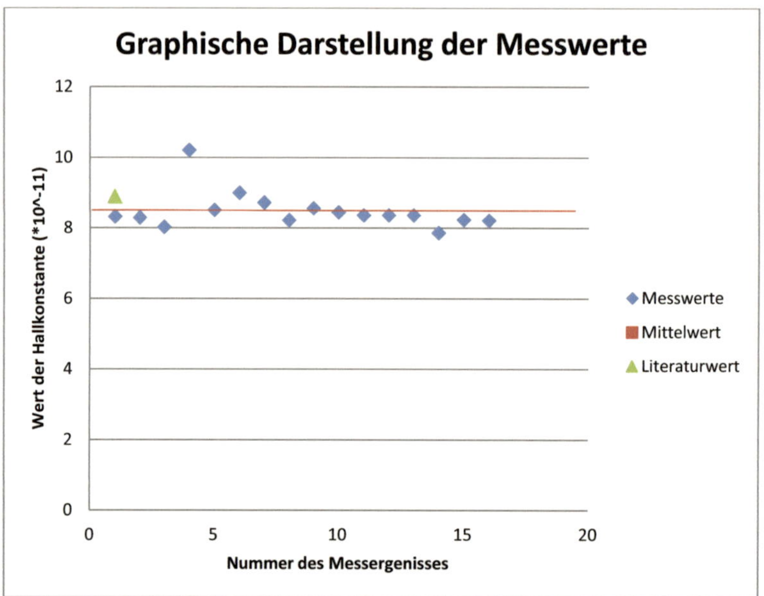

Nach der Bearbeitung der Problemstellung lässt sich sagen, dass die praktische Durchführung dieses Versuches deutlich schwieriger ist als in der Theorie, da es extrem viele mögliche Fehlerquellen gibt, die es alle möglichst auszuschalten oder minimalen Einfluss zu nehmen lassen gilt[23].

Allerdings gewährte mir diese Facharbeit gute Einblicke in die Herangehensweise an Probleme und deren Beseitigung in der Physik außerhalb des regulären Unterrichtes, was ich vor allem vor dem Hintergrund als wichtig erachte, dass ich Maschinenbau studieren möchte.

---

[23] Vergleiche auch 2.3 „Die Probleme bei Durchführung der Versuche"

6. Anhang

6.1 Schaltskizzen

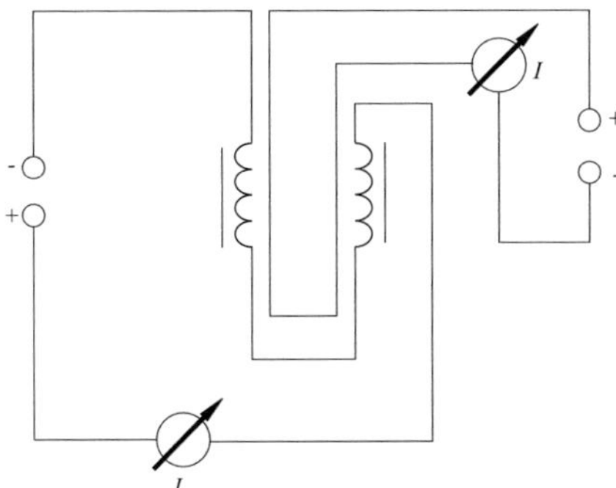

Schaltskizze der Magnetfeldmessungen mit 2 Stromkreisen.

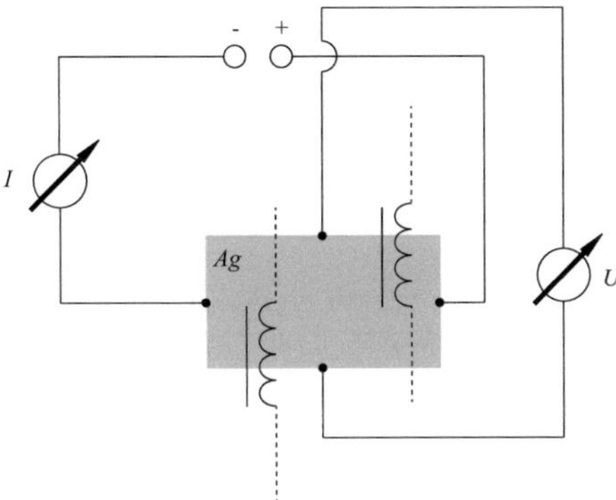

Schaltskizze zum Hallversuch. Die Spulen, welche das das Hallelement durchsetzende
Magnetfeld erzeugen sind angeschlossen wie im vorhergegangenen Versuch, die Anschlüsse
sin hier aber der Übersicht halber ausgelassen worden.

6.2 Arbeitstagebuch

Datum	Tätigkeit
November 2010	Vorstellung der Thematik im Unterricht durch Herrn Tschirner
Anfang Dezember 2010	Erste Beschäftigung mit dem Thema (Unterrichtsaufzeichnungen, Wikipedia, Physikbuch)
21.12.2010	Gespräch mit Herrn Tschirner zwecks Festlegung der Thematik
02.01.2011	Internetrecherche zum Thema Gefundene Quellen: - http://www.familie-michele.de/gis/material12/hall-beta-01.pdf - http://grundpraktikum.physik.uni-saarland.de/scripts/Halleffekt_Silber_3.pdf
02.01.2011	Ausarbeitung Ablaufplan der beiden notwendigen Versuche, theoretische Bearbeitung des Versuchs → Entwurf von Skizzen
05.01.2011	Herleitung der benötigten Formel
08.01.2011	Schreibbeginn: Einleitung
10.01.2011	Internetrecherche zur Biographie von Edwin Hall - http://de.wikipedia.org/wiki/Edwin_Hall - http://books.nap.edu/html/biomems/ehall.pdf sowie Schreibbeginn an der Biographie
15.01.2011	Erhalt von einer Kopie der Gerätekarte des Hallelementes
25.01.2011	Erster Kontakt mit den Geräten, Versuchsweiser Aufbau, jedoch noch keine Messung
28.01.2011	Gespräch mit Herrn Tschirner über den Ablauf der Versuche
01.02.2011	Durchführung der beiden Versuche
05.02.2011	Schreibbeginn an beiden Themen über die Versuchsaufbauten und Herleitung der Formeln
11.02.2011	Gespräch mit Herrn Tschirner über Aufbau der Facharbeit, Beschluss der Notwendigkeit einer zweiten Kontrollmessung
15.02.2011	Kontrollmessung, Ergebnis stimmt mit dem der ersten Messung überein
20.02.2011	Auswertung der Ergebnisse mit Excel
21.02.2011	Schreibbeginn: Probleme bei der Durchführung der Versuche
22.02.2011	Erstellen des Schaubildes „Kräftegleichgewicht" mit Word
25.02.2011	Schreibbeginn: Auswertung und Fazit
26.02.2011	Erstellen der digitalen Schaltpläne mit Adobe Illustrator und Beginn Zusammenstellung des Anhangs